四川省工程建设地方标准

挤塑聚苯板建筑保温工程技术规程

DBJ51/T 035 - 2014

Technical specification for thermal insulation engineering of building based on extruded polystyrene panel

主编单位：四 川 省 建 设 科 技 协 会
批准部门：四 川 省 住 房 和 城 乡 建 设 厅
施行日期：2 0 1 5 年 4 月 1 日

西南交通大学出版社

2015 成 都

图书在版编目（CIP）数据

挤塑聚苯板建筑保温工程技术规程 / 四川省建设科技协会主编. —成都：西南交通大学出版社，2015.4

（四川省工程建设地方标准）

ISBN 978-7-5643-3823-7

Ⅰ. ①挤… Ⅱ. ①四… Ⅲ. ①挤压成型－聚苯乙烯塑料－泡沫塑料板－保温－技术规范 Ⅳ. ①TU86-65

中国版本图书馆 CIP 数据核字（2015）第 060217 号

四川省工程建设地方标准

挤塑聚苯板建筑保温工程技术规程

主编单位　四川省建设科技协会

责任编辑	胡晗欣
封面设计	原谋书装
出版发行	西南交通大学出版社 （四川省成都市金牛区交大路 146 号）
发行部电话	028-87600564　028-87600533
邮政编码	610031
网址	http: //www.xnjdcbs.com
印刷	成都蜀通印务有限责任公司
成品尺寸	140 mm × 203 mm
印张	2
字数	49 千字
版次	2015 年 4 月第 1 版
印次	2015 年 4 月第 1 次
书号	ISBN 978-7-5643-3823-7
定价	24.00 元

各地新华书店、建筑书店经销

图书如有印装质量问题　本社负责退换

关于发布四川省工程建设地方标准《挤塑聚苯板建筑保温工程技术规程》的通知

川建标发〔2014〕690号

各市州及扩权试点县住房城乡建设行政主管部门，各有关单位：

由四川省建设科技协会主编的《挤塑聚苯板建筑保温工程技术规程》，已经我厅组织专家审查通过，现批准为四川省推荐性工程建设地方标准，编号为：DBJ51/T 035－2014，自2015年4月1日起在全省实施。

该标准由四川省住房和城乡建设厅负责管理，四川省建设科技协会负责技术内容解释。

四川省住房和城乡建设厅

2014年12月24日

前　言

根据四川省住房和城乡建设厅《关于下达四川省工程建设地方标准〈挤塑聚苯板外墙外保温及屋面保温工程技术规程〉编制计划的通知》（川建标函〔2013〕218号）的要求，规程编制组经调查研究，总结实践经验，参考有关国内外先进标准，并在广泛征求意见的基础上，编制本规程。

经审查会议审定，规程名称由编制组建议并经地方标准审查会议讨论，改为《挤塑聚苯板建筑保温工程技术规程》。

本规程包括7个章1个附录，主要技术内容包括：总则，术语，基本规定，性能要求，设计，施工，工程验收，附录。

本规程由四川省住房和城乡建设厅负责管理，四川省建设科技协会负责具体技术内容的解释。执行过程中如有意见和建议，请反馈至四川省建设科技协会（地址：成都市人民南路四段36号；邮政编码：610041；电话：028-85569013），以便今后修订时参考。

本规程主编单位：四川省建设科技协会

本规程参编单位：四川省建筑科学研究院
四川省建材工业科学研究院
中国建筑西南设计研究院有限公司
成都市建设工程质量监督站

成都艾利佳建材有限公司
成都固迪建材有限公司
四川浩创工贸有限公司
成都科文保温材料有限公司
成都诺尔保温材料有限公司
成都奇鼎包装容器有限公司
成都鹏辉保温材料厂

本规程主要起草人员：韦延年　江成贵　李晓岑　高庆龙
李　斌　游　炯　黎　力　向开文

本规程主要审查人员：于　忠　曾　伟　贺　刚　甘　鹰
金晓西　刘小舟　罗进元

目　次

Contents

1 总　则

1.0.1　为规范挤塑聚苯板在四川省建筑保温工程中的应用，保证工程质量，做到安全可靠、经济合理，制定本规程。

1.0.2　本规程适用于四川省新建、改建和扩建的民用建筑采用挤塑聚苯板建筑保温工程的设计、施工及验收。

1.0.3　挤塑聚苯板建筑保温工程的设计、施工及验收，除应符合本规程，尚应符合国家和四川省现行有关标准的规定。

2 术 语

2.0.1 挤塑聚苯板建筑保温工程 thermal insulation engineering of building based on extruded polystyrene panel

将挤塑聚苯板保温系统复合在建筑外墙、屋面及楼地面基层上,主要起保温隔热作用的整体构造实体。

2.0.2 挤塑聚苯板建筑保温系统 thermal insulation composite system based on extruded polystyrene panel

通过胶粘剂粘结并辅以塑料锚栓锚固,将挤塑聚苯板保温层,固定在墙体、屋面、楼地面基层外侧或内侧后,在墙体、屋面、楼地面中主要起保温作用的非承重构造系统。

2.0.3 挤塑聚苯板 extruded polystyrene panel

挤塑聚苯乙烯泡沫塑料板的简称,是以聚苯乙烯树脂或其共聚物为主要成分,添加适量添加剂,通过加热挤塑成型、具有闭孔结构的原色硬质泡沫塑料板。用符号 XPS 表示。

2.0.4 表面处理挤塑聚苯板 surface treatmented XPS

为增强挤塑聚苯板与胶粘剂和抹面胶浆之间的粘结性能,将表面去皮或开槽后用界面剂处理的挤塑聚苯板。简称表面处理挤塑聚苯板,用符号 St-XPS 表示。

2.0.5 挤塑聚苯板表面处理剂 surface treatment agent for XPS

施涂在去皮或开槽后的挤塑聚苯板表面上，用以改善挤塑聚苯板与胶粘剂及抹面胶浆粘结性能的专用乳液，简称表面处理剂。

2.0.6 胶粘剂 adhesive

由水泥基胶凝材料、高分子聚合物材料以及填料和添加剂等组成，用于挤塑聚苯板与基层之间起粘结作用的材料。

2.0.7 抹面层 rendering

采用抹面胶浆复合耐碱玻纤网抹压在挤塑聚苯板表面，保护挤塑聚苯板并起防裂、防水和抗冲击等作用的构造层。

2.0.8 抹面胶浆 base coat

由水泥基或其他无机胶凝材料、高分子聚合物和填料等材料组成，用于挤塑聚苯板抹面层具有一定柔性的水泥基聚合物材料。

2.0.9 耐碱玻纤网 alkali-resistant fibre mesh

表面经高分子材料涂覆处理、具有耐碱功能的玻璃纤维网格布，作为增强材料内置于抹面胶浆中。

2.0.10 饰面层 finish layer

挤塑聚苯板建筑保温工程中对挤塑聚苯板保温系统起外装饰作用的构造层。

2.0.11 防护层 rendering system

由内置耐碱玻纤网的抹面层和饰面层共同组成的对挤塑聚苯板保温层起保护作用的综合构造层。

2.0.12 塑料锚栓 plastic anchor

由尾端带圆盘的塑料膨胀套管和塑料钉或具有防腐性能的金属螺钉组成，用于把挤塑聚苯板固定在墙体基层上的辅助固定件。简称锚栓。

2.0.13 基层 substrate

挤塑聚苯板保温系统所依附的，由土建施工完成并经验收符合要求的结构层、找平层或防水层的总称。

3 基本规定

3.0.1 挤塑聚苯板建筑保温工程的热工性能应符合现行国家和四川省建筑节能设计标准的规定。

3.0.2 在建筑外墙、屋面、楼地面和地下室外墙保温工程中采用挤塑聚苯板保温系统，应按本规程要求的系统构造进行建筑热工设计和建筑构造设计。

3.0.3 挤塑聚苯板使用前应在自然条件下陈化不少于28 d。挤塑聚苯板建筑保温系统及组成材料性能，应符合本规程的规定。

3.0.4 挤塑聚苯板在墙体保温系统和架空楼地面底部保温系统中，应采用表面处理挤塑聚苯板（St-XPS）。

3.0.5 挤塑聚苯板外墙外保温隔热工程应根据现行行业标准《建筑外墙外保温防火隔离带技术规程》JGJ 289和相关规定设置防火隔离带。

3.0.6 挤塑聚苯板建筑保温工程的施工现场应有相应的消防措施。

3.0.7 挤塑聚苯板建筑保温系统的各种组成材料应配套提供。相应配件应与挤塑聚苯板保温系统中的组成材料彼此相容，并具有防腐和防生物侵害性能。

3.0.8 采用挤塑聚苯板建筑保温系统对既有建筑的外墙和屋面进行节能改造时，应按现行国家相关标准的规定进行建筑构造和建筑节能专项设计。

4 性能要求

4.1 系统性能

4.1.1 挤塑聚苯板外墙保温系统性能应符合表 4.1.1-1 和表 4.1.1-2 的要求。

表 4.1.1-1 挤塑聚苯板外墙外保温系统性能指标

<table>
<tr><th colspan="2">项 目</th><th>性能指标</th><th>试验方法</th></tr>
<tr><td rowspan="2">耐候性</td><td>外观</td><td>无可见裂缝，无粉化、空鼓、剥落现象</td><td rowspan="2">JGJ 144</td></tr>
<tr><td>抹面层与挤塑聚苯板拉伸粘结强度/MPa</td><td>≥0.15</td></tr>
<tr><td colspan="2">浸水 24 h 吸水量/(g/m²)</td><td>≤500</td><td rowspan="2">GB/T 29906</td></tr>
<tr><td colspan="2">水蒸气透过湿流密度/[g/(m²·h)]</td><td>≥0.85</td></tr>
<tr><td rowspan="2">抗冲击性</td><td>二层及以上</td><td>3J 级</td><td rowspan="5">JGJ 144</td></tr>
<tr><td>首层</td><td>10J 级</td></tr>
<tr><td rowspan="2">耐冻融性</td><td>外观</td><td>无可见裂缝，无粉化、空鼓、剥落现象</td></tr>
<tr><td>抹面层与挤塑聚苯板拉伸粘结强度/MPa</td><td>≥0.15</td></tr>
<tr><td colspan="2">抹面层不透水性</td><td>2 h 不透水</td></tr>
</table>

表 4.1.1-2　挤塑聚苯板外墙内保温系统性能指标

项　目	性能指标	试验方法
系统拉伸粘结强度/MPa	≥0.10	JGJ 144
抗冲击性/次	≥10	JG/T 159
吸水量/(g/m^2)	系统在水中浸泡 1 h 后的吸水量应小于 1 000	JGJ 144
抹面层不透水性	2 h 不透水	

4.1.2　挤塑聚苯板屋面保温系统性能应符合国家现行标准《屋面工程技术规范》GB 50345、《坡屋面工程技术规范》GB 50693 和《倒置式屋面工程技术规程》JGJ 230 等相关标准的规定。

4.2　材料性能

4.2.1　挤塑聚苯板

1　挤塑聚苯板的尺寸允差应符合表 4.2.1-1 的要求。

表 4.2.1-1　挤塑聚苯板尺寸允许偏差

项　目	尺寸允许偏差/mm	试验方法
长度	±2	GB/T 6342
宽度	±1	
厚度	不允许负偏差	
对角线差	3	
板边平直	2	
板面平整度	2	

注：本表的尺寸允许偏差值以 1 200 mm（长）×600 mm（宽）的挤塑聚苯板为基准。

2 挤塑聚苯板的物理力学性能应符合 4.2.1-2 的要求。

表 4.2.1-2 挤塑聚苯板的物理力学性能指标

<table>
<tr><th rowspan="2">项　目</th><th colspan="3">性能指标</th><th rowspan="2">试验方法</th></tr>
<tr><th>外保温</th><th>内保温</th><th>屋面和楼地面</th></tr>
<tr><td>表观密度/（kg/m^3）</td><td colspan="3">26 ~ 32</td><td>GB/T 6343</td></tr>
<tr><td>导热系数(25 °C)
/[W/(m · K)]</td><td colspan="3">≤0.032</td><td>GB/T 10294
或
GB/T 10295</td></tr>
<tr><td>垂直于板面方向的抗拉强度/MPa</td><td>≥0.20</td><td>≥0.15</td><td>—</td><td>GB/T 29906</td></tr>
<tr><td>压缩强度/MPa</td><td>≥0.15</td><td>≥0.15</td><td>≥0.20</td><td>GB/T 8813</td></tr>
<tr><td>尺寸稳定性/%</td><td>≤1.2</td><td>≤1.2</td><td>≤1.5</td><td>GB/T 8811</td></tr>
<tr><td>吸水率(V/V)/%</td><td>≤1.5</td><td>—</td><td>≤1.5</td><td>GB/T 8810</td></tr>
<tr><td>水蒸气透湿系数
/[ng/(Pa · m · s)]</td><td>≤3.5</td><td>—</td><td>≤3.5</td><td>QB/T 2411</td></tr>
<tr><td>燃烧性能等级</td><td>B_1 级</td><td>B_1 级</td><td>B_1 级</td><td>GB 8624</td></tr>
</table>

4.2.2 胶粘剂

胶粘剂的性能应符合表 4.2.2 的要求。

表 4.2.2 胶粘剂性能指标

<table>
<tr><th colspan="3">项　目</th><th>性能指标</th><th>试验方法</th></tr>
<tr><td rowspan="3">拉粘结强度
/MPa
（与水泥砂浆）</td><td colspan="2">原强度</td><td>≥0.6</td><td rowspan="7">GB/T 29906</td></tr>
<tr><td rowspan="2">耐水强度</td><td>浸水 48 h，干燥 2 h</td><td>≥0.3</td></tr>
<tr><td>浸水 48 h，干燥 7 d</td><td>≥0.6</td></tr>
<tr><td rowspan="3">拉伸粘结强度
/MPa
(与挤塑聚苯板)</td><td colspan="2">原强度</td><td>≥0.20</td></tr>
<tr><td rowspan="2">耐水强度</td><td>浸水 48 h，干燥 2 h</td><td>≥0.10</td></tr>
<tr><td>浸水 48 h，干燥 7 d</td><td>≥0.20</td></tr>
<tr><td colspan="3">可操作时间/h</td><td>1.5 ~ 4.0</td></tr>
</table>

4.2.3 抹面胶浆

抹面胶浆的性能应符合表 4.2.3 的要求。

表 4.2.3 抹面胶浆性能指标

<table>
<tr><th colspan="3" rowspan="2">项　目</th><th colspan="2">性能指标</th><th rowspan="2">试验方法</th></tr>
<tr><th>外墙外保温用</th><th>外墙内保温用</th></tr>
<tr><td rowspan="3">拉伸粘结强度/MPa（与挤塑聚苯板）</td><td colspan="2">原强度</td><td colspan="2">≥0.20</td><td rowspan="6">GB/T 29906</td></tr>
<tr><td rowspan="2">耐水强度</td><td>浸水 48 h，干燥 2 h</td><td colspan="2">≥0.10</td></tr>
<tr><td>浸水 48 h，干燥 7 d</td><td colspan="2">≥0.20</td></tr>
<tr><td colspan="3">压折比</td><td colspan="2">≤3.0</td></tr>
<tr><td colspan="3">可操作时间/h</td><td colspan="2">1.5 ~ 4.0</td></tr>
<tr><td colspan="3">吸水量/(g/m^2)</td><td>≤500</td><td>≤1 000</td></tr>
<tr><td rowspan="2">放射性限量</td><td colspan="2">内照射指数 I_{Ra}</td><td>—</td><td>≤1.0</td><td rowspan="2">GB 6566</td></tr>
<tr><td colspan="2">外照射指数 I_{γ}</td><td>—</td><td>≤1.0</td></tr>
</table>

4.2.4 耐碱玻纤网

耐碱玻纤网的性能应符合表 4.2.4 的要求。

表 4.2.4 耐碱玻纤网性能指标

<table>
<tr><th>项　目</th><th>性能指标</th><th>试验方法</th></tr>
<tr><td>单位面积质量/(g/m^2)</td><td>≥160</td><td>GB/T 9914.3</td></tr>
<tr><td>耐碱断裂强力（经、纬向）/(N/50 mm)</td><td>≥1 000</td><td rowspan="2">GB/T 7689.5</td></tr>
<tr><td>断裂伸长率（经、纬向）/%</td><td>≤5.0</td></tr>
<tr><td>耐碱断裂强力保留率（经、纬向）/%</td><td>≥50</td><td>GB/T 29906</td></tr>
</table>

4.2.5 表面处理剂

表面处理剂除与挤塑聚苯板和胶粘剂、抹面胶浆的拉伸粘结强度应符合表 4.2.2 和表 4.2.3 的要求外，其他性能应符合表 4.2.5 的要求。

表 4.2.5 表面处理剂性能指标

项　目	性能指标	试验方法
容器中状态	色泽均匀，无杂质，无沉淀，不分层	GB/T 20623
冻融稳定性（3 次）	无异常	
储存稳定性	无硬块，无絮凝，无明显分层和结皮	
不挥发物含量/%	≥18	
最低成膜温度/°C	≤0	GB/T 9267

4.2.6 塑料锚栓

塑料锚栓的圆盘公称直径不应小于 60 mm，公差为 ± 1.0 mm。膨胀套管的公称直径不应小于 8 mm，公差为 ± 0.5 mm。其他性能应符合表 4.2.6 的要求。

表 4.2.6 塑料锚栓性能指标

项　目	性能指标	试验方法
单个锚栓抗拉承载力标准值（普通混凝土基层墙体）/kN	≥0.60	JG/T 366
单个锚栓抗拉承载力标准值（实心砌体基层墙体）/kN	≥0.50	
单个锚栓抗拉承载力标准值（多孔砖砌体基层墙体）/kN	≥0.40	

续表 4.2.6

项　目	性能指标	试验方法
单个锚栓抗拉承载力标准值（空心砌块基层墙体）/kN	≥0.30	JG/T 366
单个锚栓抗拉承载力标准值（蒸压加气混凝土砌块基层墙体）/kN	≥0.30	
单个锚栓对系统传热增加值/[W/(m^2·k)]	≤0.004	JG 149

4.2.7 纸面石膏板

纸面石膏板的性能应符合现行国家标准《纸面石膏板》GB/T 9775、《建筑材料放射性核素限量》GB 6566 的规定。

5 设 计

5.1 一般规定

5.1.1 按本章所列系统构造对建筑外墙、屋面、楼地面和地下室外墙进行挤塑聚苯板建筑保温工程设计时，不得更改系统构造层次和组成材料。

5.1.2 挤塑聚苯板的设计厚度应根据现行建筑节能设计标准规定，通过建筑热工设计计算确定，最小厚度不应小于 25 mm。

5.1.3 挤塑聚苯板建筑外墙外保温工程采用面砖饰面时，应按相关标准的要求，进行专项设计。

5.2 系统构造

5.2.1 挤塑聚苯板外墙外保温系统基本构造见表 5.2.1-1、表 5.2.1-2。

表 5.2.1-1 涂料饰面挤塑聚苯板外墙外保温系统基本构造

构造层次	材料名称	构造示意图
① 结构层	钢筋混凝土墙及各种砌体墙	①②③④⑤⑥⑦
② 找平层	水泥砂浆	
③ 粘结层	胶粘剂	
④ 保温层	挤塑聚苯板	
⑤ 锚栓	塑料锚栓	
⑥ 抹面层	抹面胶浆内置耐碱玻纤网	
⑦ 饰面层	柔性耐水腻子+涂料	

5.2.1-2　挤塑聚苯板地下室外墙保温系统基本构造

构造层次	材料名称	构造示意图
① 结构层	钢筋混凝土墙及各种砌体墙	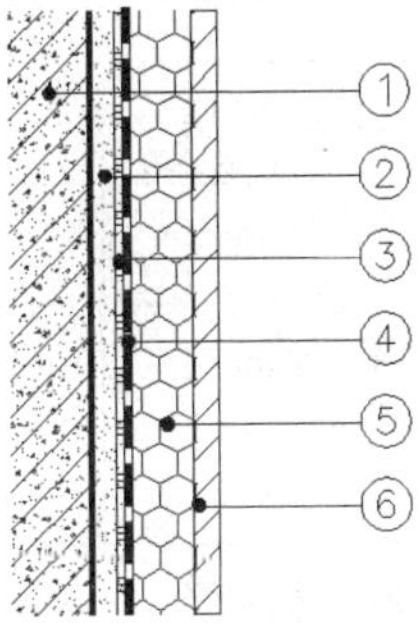
② 找平层	水泥砂浆	
③ 防水层	防水涂料或卷材	
④ 粘结层	胶粘剂	
⑤ 保温层	挤塑聚苯板	
⑥ 保护层	保护墙或其他保护措施	

5.2.2　挤塑聚苯板外墙内保温系统基本构造见表 5.2.2-1、表 5.2.2-2 和表 5.2.2-3。

表 5.2.2-1　涂料饰面挤塑聚苯板外墙内保温系统基本构造

构造层次	材料名称	构造示意图
① 结构层	钢筋混凝土墙及各种砌体墙	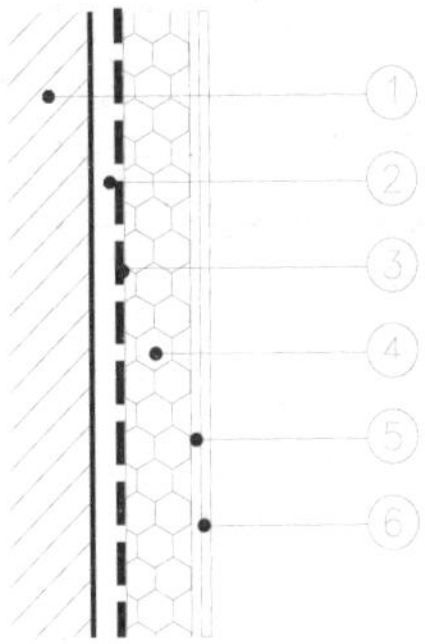
② 找平层	水泥砂浆	
③ 粘结层	胶粘剂	
④ 保温层	挤塑聚苯板	
⑤ 抹面层	抹面胶浆内置耐碱玻纤网	
⑥ 饰面层	柔性腻子 + 涂料	

表 5.2.2-2　面砖饰面挤塑聚苯板外墙内保温系统基本构造

构造层次	材料名称	构造示意图
① 结构层	钢筋混凝土墙及各种砌体墙	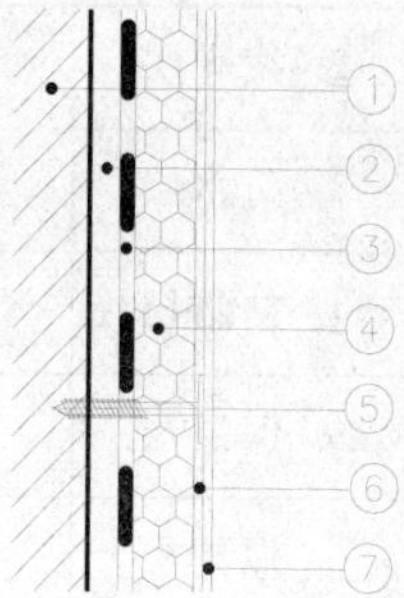
② 找平层	水泥砂浆	
③ 粘结层	胶粘剂	
④ 保温层	挤塑聚苯板	
⑤ 锚栓	塑料锚栓	
⑥ 抹面层	抹面胶浆内置耐碱玻纤网	
⑦ 饰面层	面砖内饰面	

表 5.2.2-4　龙骨嵌固挤塑聚苯板外墙内保温系统基本构造

构造层次	材料名称	构造示意图
① 结构层	混凝土墙及各种砌体墙	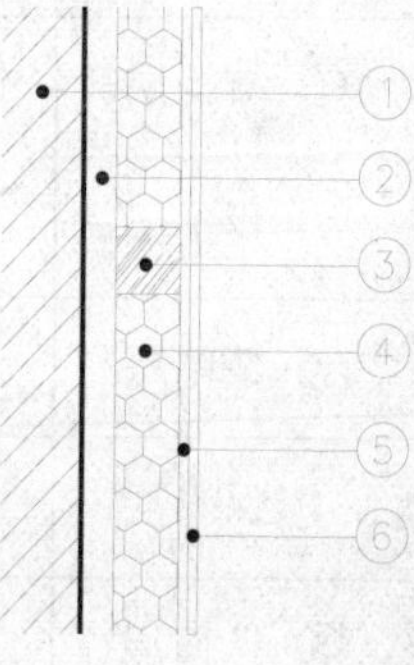
② 找平层	水泥砂浆	
③ 龙骨	木龙骨或轻钢龙骨等	
④ 保温层	挤塑聚苯板（嵌固在龙骨间）	
⑤ 面板	纸面石膏板、硅钙板等（钉固）	
⑥ 饰面层	柔性腻子 + 涂料	

5.2.3 挤塑聚苯板屋面保温系统基本构造见表 5.2.3-1、表 5.2.3-2、表 5.2.3-3。

表 5.2.3-1 倒置式平屋面挤塑聚苯板保温系统基本构造

构造层次	材料名称	构造示意图
① 结构层	钢筋混凝土屋面板	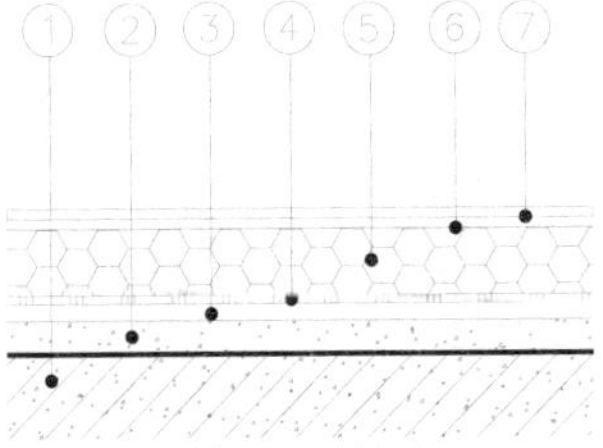
② 找坡层	轻质材料	
③ 找平层	水泥砂浆	
④ 防水层	防水涂料或卷材	
⑤ 保温层	挤塑聚苯板	
⑥ 隔离层	石灰浆或无纺布	
⑦ 保护层	配筋细石混凝土	

表 5.2.3-2 倒置式坡屋面挤塑聚苯板保温系统基本构造

构造层次	材料名称	构造示意图
① 结构层	钢筋混凝土屋面板	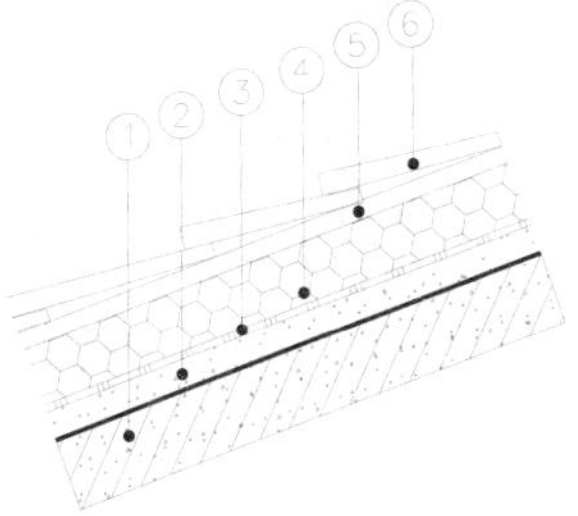
② 找平层	水泥砂浆	
③ 防水层+隔离层	防水涂料或卷材	
④ 保温层	挤塑聚苯板	
⑤ 保护层	顺水条及挂瓦条	
	配筋细石混凝土	
⑥ 瓦屋面	挂瓦或座瓦	

表 5.2.3-3　正置式平屋面挤塑聚苯板保温系统基本构造

构造层次	材料名称	构造示意图
① 结构层	钢筋混凝土屋面板	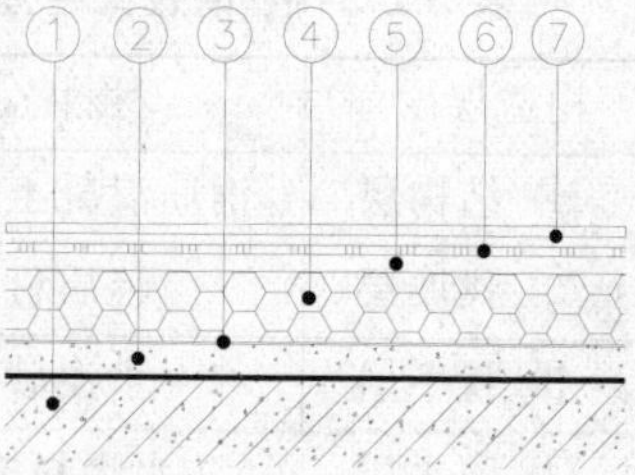
② 找坡层	轻质材料	
③ 找平层	水泥砂浆	
④ 保温层	挤塑聚苯板	
⑤ 找平层	水泥砂浆	
⑥ 防水层	防水涂料或卷材	
⑦ 保护层	配筋细石混凝土	

5. 2. 4　挤塑聚苯板楼地面保温系统基本构造见表 5.2.4-1、表 5.2.4-2、表 5.2.4-3。

表 5.2.4-1　架空楼板底部挤塑聚苯板保温系统基本构造

构造层次	材料名称	构造示意图
① 结构层	钢筋混凝土楼板	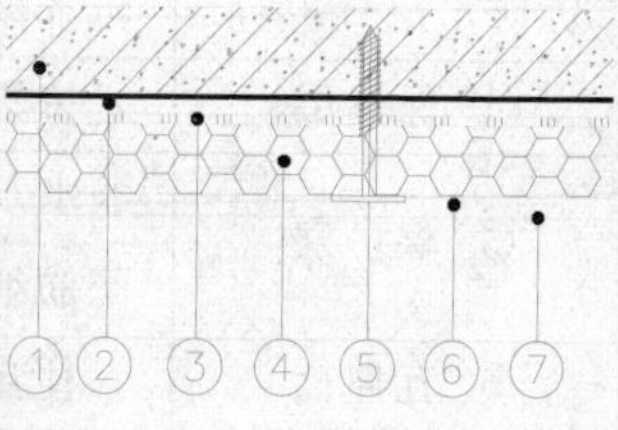
② 找平层	水泥砂浆	
③ 粘结层	胶粘剂	
④ 保温层	挤塑聚苯板	
⑤ 锚栓	塑料锚栓	
⑥ 抹面层	抹面胶浆内置耐碱玻纤网	
⑦ 饰面层	柔性腻子 + 涂料	

表 5.2.4-2　架空楼板上置挤塑聚苯板保温系统基本构造

构造层次	材料名称	构造示意图
① 结构层	钢筋混凝土楼板	
② 找平层	水泥砂浆	
③ 保温层	挤塑聚苯板	
④ 保护层	水泥砂浆或细石混凝土	

注：层间楼板保温系统可参照本构造作法。

表 5.2.4-3　与土壤直接接触的地面上置挤塑聚苯板保温系统基本构造

构造层次	材料名称	构造示意图
① 结构层	素混凝土+防潮层	
② 找平层	水泥砂浆	
③ 保温层	挤塑聚苯板	
④ 保护层	配筋细石混凝土	

5.3　建筑热工设计

5. 3. 1　建筑热工设计计算时，挤塑聚苯板应采用计算导热系数λ_c及计算蓄热系数 S_c，其值分别为表 5.3.1 中的挤塑聚苯板导热系数λ及蓄热系数 S 与修正系数α的乘积。

表 5.3.1 挤塑聚苯板的导热系数、蓄热系数与修正系数取值

保温系统使用位置	导热系数λ /[W/(m·K)]	蓄热系数 S /[W/(m·K)]	修正系数α
外墙外保温隔热工程	0.032	0.35	1.10
外墙内保温隔热工程	0.032	0.35	1.30
屋顶、楼地面保温工程	0.032	0.35	1.20

5.3.2 外墙保温工程的平均传热系数与平均热惰性指标应按现行相关标准的规定进行计算。

5.3.3 当采用外墙内保温时，热桥部位应采用适宜保温措施，保证最小传热阻满足相关标准要求。

5.4 构造设计

5.4.1 挤塑聚苯板的设置应满足下列构造要求：

1 设置在外墙外侧和架空楼地板底部的挤塑聚苯板应采用粘锚结合方式，平屋面上设置挤塑聚苯板可采用干铺或粘贴方式，坡屋面上设置挤塑聚苯板应根据挂瓦或座瓦的不同构造作法采取适宜的设置方式。

2 粘贴挤塑聚苯板宜采用点框粘法或条粘法，应用于外墙保温工程中的有效粘贴面积不应小于被粘贴板面面积的50%，应用于架空楼地板底部保温工程中的有效粘贴面积不应小于被粘贴板面面积的 60%。

5.4.2 耐碱玻纤网的设置应符合下列要求：

1 涂料饰面挤塑聚苯板薄抹灰外墙外保温工程的建筑物首层及易受冲击或碰撞部位，抹面胶浆内应设置双层大于等于 160 g/m^2 的耐碱玻纤网；其余部位墙面的抹面胶浆内应设置单

层大于等于 160 g/m^2 的耐碱玻纤网。

2 门窗洞口周边的耐碱玻纤网应翻出板面 100 mm，并应在四角沿 45°方向加设一层 200 mm×300 mm 的耐碱玻纤网。

3 墙体阴、阳角部位的耐碱玻纤网搭接长度不应小于 200 mm，其余部位搭接长度不应小于 100 mm。

4 墙体中的挤塑聚苯板保温系统墙面与无挤塑聚苯板保温系统墙面交接处，应将挤塑聚苯板保温系统耐碱玻纤网延展搭接在无挤塑聚苯板保温系统的墙面上，并用抹面胶浆压实，搭接宽度应不小于 200 mm。

5.4.3 塑料锚栓数量应符合设计和相关标准要求且不应少于 4 个/m^2，边角部位应适当增加。

5.4.4 挤塑聚苯板建筑外保温工程设置防火隔离带及其他防火构造时，应符合下列要求：

1 防火隔离带的保温材料燃烧性能等级应为 A 级。

2 防火隔离带设置位置应符合相关标准规定及设计要求，高度尺寸应不小于 300 mm，其厚度与建筑外保温系统厚度相同。

3 屋顶与外墙交界处、屋顶开口部位四周的挤塑聚苯板部位，应设置宽度不小于 500 mm 的水平防火隔离带。

5.4.7 倒置式挤塑聚苯板保温坡屋面的檐口部位，应有与钢筋混凝土屋面板形成整体的堵头板构造设计或其他防滑移措施。

5.4.8 挤塑聚苯板外墙外保温工程应结合建筑外立面合理设置伸缩缝，伸缩缝部位应采用泡沫棒填充，并做好防水密封处理。

5.4.9 挤塑聚苯板上人屋面工程，应采用细石混凝土作保护层，表面应抹平压光，并应设分格缝，分格缝的纵横间距不应大于 6 m，宽度宜为 10～20 mm，并应用密封材料嵌填。

6 施　工

6.1 一般规定

6.1.1 施工前应对施工人员进行现场技术交底和必要的操作培训，并应按经审查合格的设计文件和经审查批准的施工方案施工。

6.1.2 施工现场应有下列防火安全措施：

1 挤塑聚苯板进场后，应远离火源。露天堆放时，应采用不燃材料完全覆盖。施工作业区应按现行国家标准《建设工程施工现场消防安全技术规范》GB 50720 的规定配备消防灭火器材。

2 应对火源、热源等火灾危险源加强管理。需要进行焊接、钻孔等施工作业时，周围环境应有防火安全措施。

3 电气线路采用暗设置时，应设置在不燃烧体结构内，且保护层厚度不应小于 30 mm；当采用明设置时，应穿入金属管、阻燃套管或封闭式阻燃线槽内。

4 挤塑聚苯板外墙、楼地面保温工程必须在建筑物电线管道、开关插座、给排水管线铺设、安装好，并检查合格后方可施工；对后期设备安装部位，在施工方案中应有相应的施工处置措施。

6.1.3 挤塑聚苯板建筑保温工程施工期间以及完工后 24 h 内，环境空气温度不应低于 5 °C，夏季应避免阳光暴晒，在 5 级以上大风天气和雨天不得施工。

6.1.4 应严格遵守安全施工的相关标准规定。高处作业时，应有防止高空坠落安全措施，严禁从高空向下抛物。

6.1.5 挤塑聚苯板建筑保温工程的基层应坚实、平整。

6.2 施工准备

6.2.1 挤塑聚苯板建筑保温工程施工应在基层施工质量验收合格后进行。找平层垂直度和平整度应符合现行国家标准《建筑装饰装修工程质量验收规范》GB 50210 的规定。门窗框或附框及墙体基层上各种管线、支架等应按设计位置安装完毕，且应按保温系统厚度留出间隙。

6.2.2 水暖及装饰工程需要的管卡、挂件等预埋件，应留出位置或预埋完毕。电气工程的暗管线、接线盒等应埋设完毕，并完成暗管线的穿带线工作。

6.2.3 对进入施工现场的挤塑聚苯板保温系统组成材料的品种、规格、包装、外观和尺寸等进行检查验收，核查其出厂合格证书和型式检验报告等质量证明文件，并按标准要求抽样复验。

6.2.4 施工用脚手架安装安全检验合格，必要的施工机具和劳防用品已准备齐全。

6.2.5 伸出屋面的管道、设备、基座或预埋件等，应在保温工程施工前安装完成，并做好密封及防水处理。

6.2.6 坡屋面周边和预留孔洞部位，必须设置安全护栏和安全网或其他防坠落措施。

6.3 施工工艺

6.3.1 应根据挤塑聚苯板保温系统在建筑墙体、屋面和楼地面中的使用部位，按本规程附录A选择不同的施工工艺流程。

6.3.2 应在每一道施工工序完成经质量验收合格后，再进行下一道工序的施工。

6.4 施工要点

6.4.1 挤塑聚苯板外墙保温工程施工应符合下列要求：

1 基层应平整、坚实、清洁，无油污、脱模剂等妨碍粘结性能的附着物。

2 应根据建筑立面设计和外墙保温工程的技术要求，在墙面弹出控制线，测量相关尺寸并确定排板方案。在建筑物外墙阴阳角及其他必要处挂垂直基准控制线，每个楼层适当位置挂水平线，以控制挤塑聚苯板粘贴的垂直度和平整度。

3 胶粘剂及抹面胶浆应按产品说明书要求配制,每次配制数量应控制在2 h内用完。

4 外墙保温工程中的挤塑聚苯板粘贴应自下而上沿水平方向铺贴，竖缝应逐行错缝，在墙角处保温板应交错互锁；粘贴面积及布料位置应符合本规程和设计要求。

5 变形缝、分隔缝、管道穿墙处、门窗洞口周边的挤塑聚苯板与其他配件接缝应采用发泡聚乙烯实心棒作为嵌缝膏背衬，然后嵌密封膏。

6 抹面层采用单层耐碱玻纤网作增强层时，抹面层厚度不应小于 5 mm，耐碱玻纤网应置于两道抹面胶浆中间。采用双层耐碱玻纤网作增强层时，抹面层厚度不应小于 8 mm，耐碱玻纤网应分别置于第一道与第二道抹面胶浆和第二道与第三道抹面胶浆层中。抹面层总厚度应符合设计要求。应做好外墙外保温系统在门窗洞口周边及檐口、勒脚等处的耐碱玻纤网包边处理。抹面层施工完毕后，应采取适当保护措施，避免雨水的渗透和冲刷。在寒冷潮湿气候条件下，还应适当延长养护时间。饰面层宜在抹面层完工 10 d 后进行施工。

7 锚栓应在抹面胶浆施工前按照规定的数量和位置进行钻孔安装。锚栓锚入结构层的有效深度不应小于 25 mm，最小允许边距为 100 mm。

6.4.2 挤塑聚苯板屋面保温工程施工应符合下列要求：

1 保温层施工应在防水层完工并验收合格后进行。

2 干铺法施工时，挤塑聚苯板应紧贴在基层表面上；粘贴法施工时，胶粘剂应与保温材料、防水材料的材性相容，在胶粘剂固化前不得上人踩踏。

3 坡屋面挤塑聚苯板粘结时，相邻板块应错缝拼接；缝隙应采用条状同类材料填塞密实。

4 找坡层、找平层、防水层、保护层、瓦屋面和排气构造的施工应符合国家现行标准《屋面工程技术规范》GB50345、《屋面工程质量验收规范》GB50207 和《倒置式屋面工程技术规程》JGJ 230 的有关规定。

5 保护层施工时，应采取适宜措施，不得损坏保温层和防水层。

6.4.3 挤塑聚苯板楼地面保温工程施工应符合下列要求：

1 挤塑聚苯板施工应在找平层完成并验收合格后进行。潮湿房间的找平层应有防水处理；

2 干铺法施工时，挤塑聚苯板应紧贴在基层表面上；粘贴法施工时，胶粘剂应与保温材料、防水材料的材性相容，在胶粘剂固化前不得上人踩踏。

3 保温系统上的水泥砂浆保护层应设置分格缝。

7 工程验收

7.1 一般规定

7.1.1 挤塑聚苯板建筑保温工程的施工验收应符合现行国家标准《建筑工程施工质量验收统一标准》GB 50300、《建筑节能工程施工质量验收规范》GB 50411、《屋面工程质量验收规范》GB50207、《建筑装饰装修工程质量验收规范》GB50210等相关标准和本规程的规定。

7.1.2 挤塑聚苯板建筑保温工程应在主体和基层质量验收合格后施工，施工过程中应及时进行质量检查、隐蔽工程验收和检验批验收。

7.1.3 挤塑聚苯板建筑保温工程应对下列部位进行隐蔽工程验收，并应有详细的文字记录和必要的图像资料：

1 外墙（架空楼板）保温工程。

1）基层及其表面处理；

2）挤塑聚苯板粘结或固定；

3）锚固件；

4）耐碱玻纤网铺设；

5）热桥部位处理；

6）挤塑聚苯板厚度；

7）防火隔离带保温材料材质、厚度、宽度、位置。

2 屋面保温工程。

1）基层；

2）挤塑聚苯板的敷设方式、厚度；

3）热桥部位处理；

4）防火隔离带保温材料材质、厚度、宽度、位置。

7.1.4 挤塑聚苯板建筑保温工程的检验批划分应符合下列规定：

1 外墙（架空楼板）保温工程按采用相同材料、工艺和施工做法的墙面，每 1 000 m^2（扣除窗洞面积后）墙面为一个检验批，不足 1 000 m^2 也为一个检验批。

2 屋面保温工程按采用相同材料、工艺和施工做法的屋面，每 1 000 m^2 划分为一个检验批，不足 1000 m^2 也为一个检验批。

3 检验批的划分也可根据与施工流程相一致,且方便施工与验收的原则，由施工单位与监理（建设）单位共同商定。

7.1.5 挤塑聚苯板建筑保温工程的检验批质量验收合格，应符合下列规定：

1 检验批应按主控项目和一般项目验收。

2 主控项目全部合格。

3 一般项目应合格；当采用计数检验时，至少应有 90% 以上的检查点合格，且其余检查点不得有严重缺陷。

4 应具有完整的施工操作依据和质量验收记录。

7.2 外墙（架空楼板）保温工程

主控项目

7.2.1 挤塑聚苯板外墙保温系统及主要组成材料性能应符合本规程的规定。

检验方法：检查产品合格证，型式检验报告和进场复验报告。

检查数量：按进场批次，每批随机抽取 3 个试样进行检查；质量证明文件应按照其出厂检验批进行核查。

7.2.2 挤塑聚苯板外墙保温工程使用材料进场时，应对其下列性能进行复验，复验应为见证取样送检：

1 挤塑聚苯板的导热系数、表观密度、压缩强度、燃烧性能。

2 胶粘剂和抹面胶浆的拉伸粘结强度，抹面胶浆的压折比。

3 耐碱玻纤网的力学性能、抗腐蚀性能。

检验方法：随机抽样送检，核查复验报告。

检查数量：同厂家、同品种挤塑聚苯板的燃烧性能按照建筑面积抽查：建筑面积 10 000 m^2 以下的每 5 000 m^2 至少抽查 1 次，不足 5 000 m^2 时也应抽查 1 次；超过 10 000 m^2 时，每增加 10 000 m^2 应至少增加抽查 1 次。

除燃烧性能之外的其他各项参数的抽查，按照同厂家、同品种产品，每 1 000 m^2 扣除窗洞后的保温墙面面积使用的材料为一个验收批，每个检验批应至少抽查 1 次；不足 1 000 m^2 时也应抽查 1 次；超过 1 000 m^2 时，每增加 2 000 m^2 应至少增加抽查 1 次；超过 5 000 m^2 时，每增加 5 000 m^2 应增加抽查 1 次。

同工程项目、同施工单位及同时施工的多个单位工程（群体建筑），可合并计算墙体保温抽检面积。

7.2.3 挤塑聚苯板外墙（架空楼板）保温工程施工前应按照设计和施工方案的要求对基层进行处理，处理后的基层应符合保温层施工方案的要求。

检验方法：对照设计和施工方案观察检查；核查隐蔽工程验收记录。

检查数量：全数检查。

7.2.4 挤塑聚苯板外墙（架空楼板）保温工程各层构造做法应符合设计要求，并应按照经过审批的施工方案施工。

检验方法：对照设计和施工方案观察检查；核查隐蔽工程验收记录。

检验数量：每检验批应各抽查 3 处。

7.2.5 挤塑聚苯板外墙（架空楼板）保温工程的施工，应符合下列规定：

1 挤塑聚苯板的厚度应符合设计要求，无负偏差。

2 挤塑聚苯板与基层及各构造层之间的粘结或连接必须牢固。粘结强度和连接方式应符合设计要求。挤塑聚苯板与基层的粘结强度应做现场拉拔试验。

3 锚栓数量、位置、锚固深度和拉拔力应符合设计要求。后置锚栓应进行锚固力现场拉拔试验。

4 穿过架空楼板与室外空气直接接触的各种金属管道应按设计要求，采取断热桥保温措施。

5　外墙外保温系统抗拉强度、墙体内保温系统抗冲击性能应符合本规程要求。

检验方法：观察；手扳检查；挤塑聚苯板厚度采用钢针插入或剖开尺量检查；粘结强度和锚固力核查试验报告；保温系统抗拉强度与抗冲击性能检查现场试验报告；核查隐蔽工程验收记录。

检验数量：每个检验批抽查不少于3处。

7.2.6　挤塑聚苯板外墙保温工程各类饰面层的施工，应符合设计和现行国家标准《建筑装饰装修工程质量验收规范》GB50210的要求，并应符合下列规定：

1　饰面层施工的基层应无脱层、空鼓和裂缝，基层应平整、洁净，含水率应符合饰面层施工的要求。

2　饰面层不得渗漏。当饰面层采用饰面板开缝安装时，保温层表面应具有防水功能或采取其他防水措施。

3　保温层及饰面层与其他部位交接的收口处，应采取密封措施。

检验方法：观察检查；核查试验报告和隐蔽工程验收记录。

检验数量：全数检查。

7.2.7　外墙和毗邻不采暖空间墙体上的门窗洞口四周墙侧面以及墙体上凸窗四周的侧面，应按设计要求采取节能保温措施。

检验方法：对照设计观察检查，必要时抽样剖开检查；检查隐蔽工程验收记录。

检查数量：每个检验批应抽查5%，并不少于5个洞口。

一般项目

7.2.8 进场挤塑聚苯板外墙（架空楼板）保温系统组成材料的外观和包装应完整无破损，并应符合设计要求和产品标准的规定。

检验方法：观察检查。

检验数量：全数检查。

7.2.9 耐碱玻纤网的铺贴和搭接应符合设计和施工的要求。抹面胶浆抹压应密实，不得空鼓，耐碱玻纤网不得皱褶、外露。

检验方法：观察检查；检查隐蔽工程验收记录。

检查数量：每个检验批抽查不少于5处，每处不少于2 m^2。

7.2.10 施工中产生的墙体缺陷，如穿墙套管、脚手眼、孔洞等，应按照施工方案采取断热桥措施，不得影响墙体热工性能。

检验方法：对照施工方案观察检查。

检验数量：全数检查。

7.2.11 挤塑聚苯板接缝施工方式应符合本规程规定的要求，应平整严密。

检验方法：观察检查。

检查数量：每个检验批抽查10%，并不少于5处。

7.2.12 墙体上容易碰撞的阳角、门窗洞口及不同材料基体的交接处等特殊部位，应采取防止开裂和破损的加强措施。

检验方法：观察检查；检查隐蔽工程验收记录。

检查数量：按不同部位，每类抽查10%，并不少于5处。

7.3 屋面保温工程

主控项目

7.3.1 挤塑聚苯板屋面保温工程材料的品种、规格，应符合设计要求和本规程的规定。

检验方法：观察、尺量检查；核查质量证明文件。

检验数量：按进场批次，每批随机抽取 3 个试样进行检查；质量证明文件应按照其出厂检验批进行核查。

7.3.2 挤塑聚苯板进场时应对其导热系数、表观密度、压缩强度、燃烧性能进行复验，复验应为见证取样送检。

检验方法：随机抽样送检，核查复验报告。

检验数量：同一厂家同一品种的产品各抽查不少于 3 组。

7.3.3 挤塑聚苯板的厚度应符合设计要求，无负偏差。

检验方法：钢针刺入和尺量检查。

检验数量：每 100 m^2 抽查一处，每处 10 m^2，整个屋面抽查不得少于 3 处。

7.3.4 挤塑聚苯板的敷设方式、缝隙填充质量及屋面热桥部位的保温做法，必须符合设计要求和本规程的规定。

检验方法：观察、尺量检查。

检验数量：每 100 m^2 抽查一处，每处 10 m^2，整个屋面抽查不得少于 3 处。

一般项目

7.3.5 挤塑聚苯板铺设应紧贴基层，拼缝严密、平整。

检验方法：观察检查。

检验数量：每 100 m^2 抽查一处，每处 10 m^2，整个屋面抽查不得少于 3 处。

7.3.6 挤塑聚苯板保温层表面平整度允许偏差为 5 mm。

检验方法：2 m 靠尺和塞尺检查。

检验数量：每 100 m^2 抽查一处，每处 10 m^2，整个屋面抽查不得少于 3 处。

7.3.7 挤塑聚苯板保温层接缝处的高低允许偏差为 2 mm。

检验方法：直尺和塞尺检查。

检查数量：每 100 m^2 抽查一处，每处 10 m^2，整个屋面抽查不得少于 3 处。

附录 A 挤塑聚苯板建筑保温隔热工程施工工艺流程

A. 0. 1 挤塑聚苯板外墙（架空楼板）保温工程施工工艺流程，如图 A.0.1 所示。

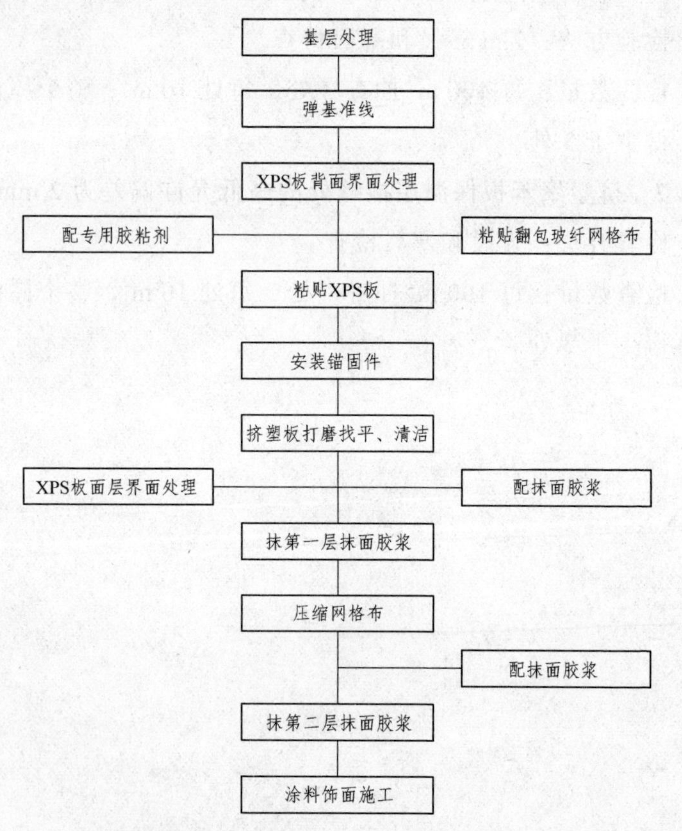

图 A.0.1 涂料饰面挤塑聚苯板外墙（架空楼板）外保温工程施工工艺流程

A. 0. 2 挤塑聚苯板屋面保温工程施工工艺流程，如图 A.0.2-1 ~ A.0.2-2 所示。

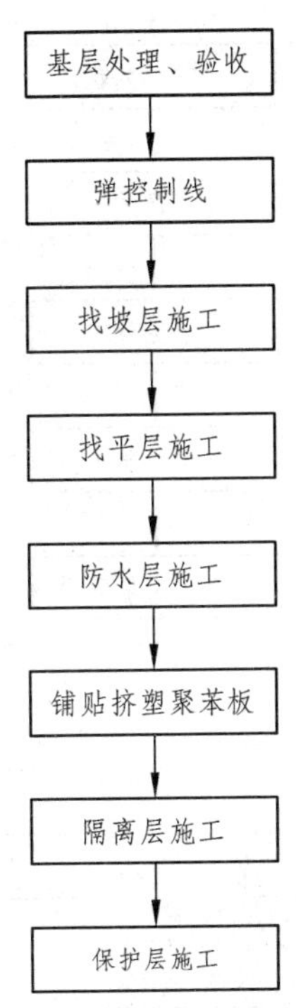

图 A.0.3-1 平屋面保温工程施工工艺流程

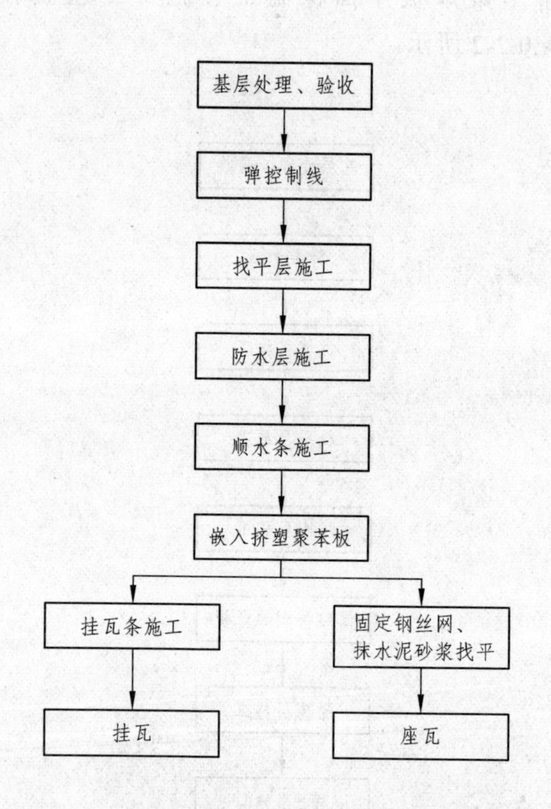

图 A.0.3-2　坡瓦屋面保温工程施工工艺流程

本标准用词用语说明

1 为便于在执行本规程条文时区别对待，对要求严格程度不同的用词说明如下：

1）表示很严格，非这样做不可的：

正面词采用“必须”，反面词采用“严禁”；

2）表示严格，在正常情况下均应这样做的：

正面词采用“应”，反面词采用“不应”或“不得”；

3）表示允许稍有选择，在条件许可时首先应这样做的：

正面词采用“宜”，反面词采用“不宜”；

4）表示有选择，在一定条件下可以这样做的，采用“可”。

2 条文中指明按其他有关标准执行的写法为：“应符合……的规定”或“应按……执行”。

引用标准名录

1 《屋面工程质量验收规范》GB 50207
2 《建筑装饰装修工程质量验收规范》GB 50210
3 《建筑工程施工质量验收统一标准》GB 50300
4 《屋面工程技术规范》GB 50345
5 《建筑节能工程施工质量验收规范》GB 50411
6 《坡屋面工程技术规范》GB 50693
7 《建设工程施工现场消防安全技术规范》GB 50720
8 《泡沫塑料与橡胶 线性尺寸的测定》GB/T 6342
9 《泡沫塑料与橡胶 表观密度的测定》GB/T 6343
10 《建筑材料放射性核素限量》GB 6566
11 《增强材料 机织物试验方法 第5部分：玻璃纤维拉伸断裂强力和断裂伸长的测定》GB/T 7689.5
12 《建筑材料及制品燃烧性能分级》GB 8624
13 《硬质泡沫塑料吸水率测定》GB/T 8810
14 《硬质泡沫塑料 尺寸稳定性试验方法》GB/T 8811
15 《硬质泡沫塑料压缩强度的测定》GB/T 8813
16 《涂料用乳液和涂料、塑料用聚合物分散体 白点温度和最低成膜温度的测定》GB/T 9267
17 《纸面石膏板》GB/T 9775
18 《增强制品试验方法 第3部分：单位面积质量的测定》GB/T 9914.3

19 《绝热材料稳态热阻及有关特性的测定 防护热板法》 GB/T 10294
20 《绝热材料稳态热阻及有关特性的测定 热流计法》 GB/T 10295
21 《建筑涂料用乳液》GB/T 20623
22 《模塑聚苯板薄抹灰外墙外保温系统材料》GB/T 29906
23 《外墙饰面砖工程施工及验收规程》JGJ 126
24 《外墙外保温工程技术规程》JGJ 144
25 《倒置式屋面工程技术规程》JGJ 230
26 《建筑外墙外保温防火隔离带技术规程》JGJ 289
27 《外墙保温用锚栓》JG/T 366
28 《硬质泡沫塑料水蒸气透过性能的测定》QB/T 2411

四川省工程建设地方标准

挤塑聚苯板建筑保温工程技术规程

DBJ51/T 035 - 2014

条 文 说 明

制 订 说 明

《挤塑聚苯板建筑保温工程技术规程》DB51/T 035－2014，经四川省住房和城乡建设厅2015年4月1日以川建标发〔2014〕690号文公告批准发布。

为便于广大设计、施工、科研、学校等单位有关人员在使用本标准时能正确理解和执行条文规定，《挤塑聚苯板建筑保温工程技术规程》编制组按章、节、条顺序编制了本标准的条文说明，对条文规定的目的、依据以及执行中需注意的有关事项进行了说明。

目　　次

1 总 则

1.0.1 明确本规程的制定目的。挤塑聚苯板已较广泛地应用在建筑墙体、屋面及楼地面保温隔热工程中，但至今尚无专门针对挤塑聚苯板制定的国家、行业技术标准予以指导和规范其应用，大多都是参考现行行业标准《外墙外保温工程技术规程》JGJ 144、《外墙内保温工程技术规程》JGJ/T 261－2011 等标准和标准图进行设计、施工和验收。四川省需要相应的技术标准予以规范和指导挤塑聚苯板的生产及其在建筑保温工程中的应用。本规程是根据国家节能减排、安全环保政策，参考现行国家、行业和四川省的相关技术标准，在广泛征求意见的基础上进行编制，目的在于规范和指导挤塑聚苯板在四川建筑保温隔热工程的设计、施工及验收，保证挤塑聚苯板的质量及系统工程质量，促进挤塑聚苯板在建筑保温隔热行业中的健康发展。

1.0.2 明确本规程的适用范围是四川省新建、改建和扩建的民用建筑外墙、屋面和楼地面采用挤塑聚苯板保温隔热工程的设计、施工及验收，既有民用建筑外墙、屋面及楼地面节能改造可参照本规程执行。

1.0.3 说明本规程与现行国家、行业和四川省地方相关标准之间的关系。为保持标准的一致性和相关性，挤塑聚苯板建筑保温隔热工程中的设计、施工及验收，除应符合本规程的规定外，还应符合国家、行业和四川省现行相关标准的规定。

2 术 语

本章所列术语，都是针对挤塑聚苯板在建筑墙体、屋面及楼地面保温隔热工程中应用，且在本规程中出现的术语的含义需要加以界定和说明或解释的词汇。在界定、说明或解释术语时，除突出其内涵外，还尽可能参照有关标准及技术文件，考虑到习惯性和通用性。

对于已在相关标准中出现的术语，本规程不予列入。

术语中列出的“表面处理挤塑聚苯板”和“挤塑聚苯板表面处理剂”是从挤塑聚苯板表面特点及挤塑聚苯板在外墙保温工程应用实践中总结提出。工程实践表明，只有采取经表面处理的挤塑聚苯板用在建筑外墙及架空楼地面下部的保温系统中，才能保证挤塑聚苯板与基层的粘结质量符合牢固、可靠的要求。

列出“表面处理挤塑聚苯板”和“挤塑聚苯板表面处理剂”是本规程的创新点。

3 基本规定

3.0.1 目前在四川地区，居住建筑可按照三本建筑节能设计标准进行设计，即：《严寒及寒冷地区居住建筑节能设计标准》JGJ 26－2010、《夏热冬冷地区居住建筑节能设计标准》JGJ 134－2010和《四川省居住建筑节能设计标准》DB 51/5027－2012；公共建筑则按《公共建筑节能设计标准》GB 50189－2005进行设计。居住建筑节能设计时，只能采用以上所列三个标准中的一个标准进行设计。不论采用哪个标准进行设计，都需符合该标准规定的指标要求。

3.0.2 挤塑聚苯板在建筑墙体、屋面及楼地面保温工程中的应用，因其使用部位和所处的环境而有不同的建筑构造系统和节能设计要求。本规程第5章中所列挤塑聚苯板在建筑墙体、屋面及楼地面保温工程中应用的系统构造层次和构造要求，都是从近年来的工程实践和相关技术标准中精炼提出，也已被业界认可。为此，首先应根据使用位置按本规程第5章要求的挤塑聚苯板在建筑墙体、屋面、楼地面保温工程中的系统构造进行建筑构造及节能设计。

3.0.3 挤塑聚苯板的陈化时效是保证挤塑聚苯板建筑保温工程质量的重要条件，也是对其性价比和推广应用影响最大的因素。本条除对挤塑聚苯板的尺寸、外观质量及物理力学性能提出规定外，还提出需经过进场检验保证其在自然条件下的陈化时间不少于28 d。

挤塑聚苯板在建筑保温工程中的应用是由不同材质及功能的材料组成的系统技术应用。于此，有系统性能要求和各组成材料的性能要求。本规程第 4 章对不同使用部位的系统性能及组成材料性能指标列表提出了具体要求，设计、施工及验收时，都应符合第 4 章规定的系统性能及组成材料性能指标。

3. 0. 4 实践表明，未经表面去皮或拉槽及界面剂处理的挤塑聚苯板，不能保证与粘结砂浆或抗裂砂浆之间的粘结强度大于或等于挤塑聚苯板垂直板面的抗拉强度，而只有经过表面处理后的挤塑聚苯板才能使其在水泥砂浆平板上粘贴后的破坏不会在界面上，而是在挤塑聚苯板中。为保证挤塑聚苯板在墙体保温隔热工程及架空楼地面下部保温工程中的粘结质量，明确提出应在这两个部位的保温隔热工程中采用表面处理挤塑板（St-xps）是非常必要的。

3. 0. 5 建筑保温隔热工程中的防火问题不仅是相关部门最关注的问题，也是建筑保温隔热材料及系统技术研发与应用中需解决的问题。有机类保温板材的优点是导热系数小、整体性好、适应性强，缺点是燃烧性能不是 A 级，最好也只能达到难燃的 B_1 级，所以在其应用中非常重视防火性能及防火构造设计。目前，国家已从政策和标准多方面对建筑保温工程中的材料及系统的燃烧性能及防火构造措施提出了规定，如要求设置防火隔离带等。挤塑聚苯板是有机材料，使用中的防火是最敏感的问题，作为基本规定提出要求是非常必要的。

3. 0. 6 在我国已发生的由于建筑保温工程引发的火灾事故，基本上都是发生在施工过程中或施工完成投入使用的过程中，原因主要是由于防火安全措施不完善和防护管理不严。有机保温材料的燃烧性能差是不可否认的，为杜绝火灾事故的发生，一方面应通过科学合理的构造措施使其符合国家相关的建筑防火标准及政策要求，另一方面应加强现场施工过程及投入使用后的防火安全措施与防护管理。其实，在施工现场引起火灾的因素很多，有必要加强施工现场的防火安全措施。本条主要是强调挤塑聚苯板建筑保温工程对防火要求高的特点提出。

3.0.7 挤塑聚苯板建筑保温系统组成材料的匹配性对其系统性能质量起着十分重要的作用，提出组成材料由系统供应商配套提供是要求供应商对整套材料负责。胶粘剂、抹面胶浆等应在工厂拌和均匀配制成单一组分的干混料，严禁在施工现场配制，是为了更好的控制材料成分，保证质量稳定性。

3.0.8 国家已对既有建筑的节能改造提出具体要求，并已制定既有居住建筑与公共建筑节能改造技术规程。当采用挤塑聚苯板作既有建筑的墙体、屋面及楼地面节能改造工程时，可参照本规程和现行国家相关标准的规定进行建筑构造和建筑节能专项设计。

4 性能要求

4.1 系统性能

4.1.1 耐候性试验是模拟夏季墙面经高温日晒后突降暴雨和冬季昼夜温度差大的反复作用，对大尺寸的外保温墙体进行加速气候老化试验，是检验和评价外保温系统质量的最重要的试验项目。耐候性试验与实际工程有着很好的相关性，能很好地反映实际外保温工程的耐候性能。

耐候性试验条件的组合是十分严格的。通过该试验，不仅可检验外保温系统的长期耐候性能，而且还可对设计、施工和材料性能进行综合检验。如果材料质量不符合要求，设计不合理或者施工质量不好，都不可能经受住这样的考验。

根据挤塑聚苯板保温系统的整体要求，对系统的拉伸粘结强度、抗冲击性、吸水量、水蒸气透过湿流密度、耐冻融性、抹面层不透水性作了规定。

保温系统抗冲击性、吸水量、抹面层不透水性和抹面层水蒸气渗透阻几项性能都与抹面层有关。厚的抹面层抗冲击性和不透水性好，薄的抹面层水蒸气渗透阻小，但抹面层过薄又会导致不透水性差。

挤塑聚苯板保温系统作墙体内保温时，由于保温系统设置在墙体内侧，不受室外气候条件（温差、雨等的直接作用），耐候性、耐冻融性能不作要求。

4.2 材料性能

4.2.1 挤塑聚苯板是挤塑聚苯板建筑保温系统的关键性材料，其材料性能对系统性能有着重要影响，本条对挤塑聚苯板的各项性能指标作出了具体规定。

4.2.5 针对挤塑聚苯板自身的材料特点，为了增强其与胶粘剂、抹面砂浆的粘结强度，本规程对板面施涂表面处理剂提出了要求。

5 设 计

5.1 一般规定

5.1.1 挤塑聚苯板建筑保温隔热工程设计中，不得更改本规程规定的系统构造层次和组成材料。特殊工程发生更改与本规程规定的保温系统构造或组成材料不一致时，应由建设单位组织专项的技术论证，符合本地区相关规定。

5.1.3 外墙外保温宜使用涂料饰面。当外保温系统的饰面层采用粘结饰面砖时，系统供应商应提供包括饰面砖拉伸粘结强度的耐候性检验报告。对粘贴饰面砖工程应进行专项设计，编制施工方案，并应符合现行行业标准《外墙饰面砖工程施工及验收规程》JGJ 126 的规定。工程施工前应做样板墙，进行饰面砖拉伸粘结强度试验，采取有效的施工技术保障措施，必要时可以由建设单位组织专项的技术论证。

5.2 系统构造

规定了挤塑聚苯板在建筑墙体、屋面及楼地面保温系统构造层次及组成材料名称。地下室外墙保温施工时，挤塑聚苯板粘贴仅为临时固定，对于粘贴面积无要求，并且要确保当挤塑聚苯板产生位移时，不得破坏防水层。

5.3 建筑热工设计

5.3.1，5.3.2 规定了不同使用位置的挤塑聚苯板的导热系数、蓄热系数和修正系数的设计参数，和外墙平均传热系数及平均热惰性指标的计算方法。考虑到采用内保温时，在楼板和内外墙交接处存在的热桥影响，修正系数取为1.30。

5.3.3 在四川省夏热冬冷和温和地区，热桥部位不会由于热桥影响产生结露，并且修正系数取值已经考虑了热桥影响，在建筑构造中可不进行热桥处理。在寒冷和严寒地区，应进行热桥构造处理，以避免热桥部位结露，并使平均传热系数满足设计要求。

5.4 构造设计

5.4.4 防火隔离带对提高挤塑聚苯板建筑外保温隔热工程的整体防火性能有着十分重要的作用。设置防火隔离带，应采用燃烧性能等级为A级的保温材料，要有一定的高度和厚度，必须与基层全面积粘贴，火灾发生时不易脱落、失效。

5.4.9 用细石混凝土作保护层时，分格缝设置过密不但给施工带来困难，而且也不易保证质量，分格面积过大又难以达到防裂的效果，调研表明，规定纵横间距不应大于6 m，分格缝宽度宜为10～20 mm是适宜的。

6 施 工

6.1.1 节能工程施工必须是专业队伍，考虑到目前尚未完善相应专业资质规定，故强调施工单位应具有健全的质量管理体系，应制定完善的施工质量控制和检验制度。

7 工程验收

7.1 一般规定

7.1.2 本条规定了墙体节能验收的程序性要求。挤塑聚苯板保温系统都是在主体结构内侧或外侧表面做保温层，一般是在主体结构完成施工。对此，在施工过程中应及时进行质量检查、隐蔽工程验收、相关验收批和分项工程验收，施工完成后应进行节能子分部工程验收。

7.1.3 本条列出了挤塑聚苯板建筑保温工程通常应该进行隐蔽工程验收的具体部位和内容，以规范隐蔽工程的验收。当施工中出现本条未列入的内容时，应在施工方案中对隐蔽工程验收内容加以补充。

7.1.4 节能工程检验批的划分并非是唯一或绝对的。当遇到较为特殊的情况时，检验批的划分也可根据方便施工与验收的原则，由施工单位与监理（建设）单位共同商定。

7.2 外墙（架空楼板）保温工程

7.2.4 为了保证墙体节能工程质量，需要对墙体基层表面进行处理，然后进行保温系统施工。基层表面处理对于保证安全和节能效果很重要，由于基层表面处理属于隐蔽工程，施工中容易被忽略，事后无法检查。本条强调应按照设计和施工方案的要求对基层表面进行处理。并规定施工中应全数检查，验收时则应检查所有隐蔽工程验收记录。

7.2.5 除面层外，墙体节能保温工程各构造层做法均为隐蔽工程，完工后难以检查。本条提出施工实体检查和验收时的资料核查两种方法和数量。在施工过程中对于隐蔽工程应随做随验，并做好记录。检查的内容主要是墙体节能保温工程各构造层做法是否符合设计要求，以及施工工艺是否符合施工方案要求。检验批验收时则应该核查这些隐蔽工程验收记录。

7.2.8 在出厂运输和装卸过程中，胶粘剂、抹面胶浆、挤塑聚苯板、耐碱玻璃纤维网格布、塑料锚栓的包装容易破损，包装破损后材料受潮等可能进一步影响材料的性能。本条针对这种情况作出规定：要求进入施工现场的节能材料包装应完整无损。

7.2.9 本条是对于耐碱玻纤网格布的施工要求。耐碱玻纤网格布属于隐蔽工程，其质量缺陷完工后难以发现，故施工中应加强管理。

7.3 屋面保温工程

7.3.2 屋面保温工程中，保温材料的导热系数、密度指标直接影响到屋面保温隔热效果，压缩强度影响到保温层的施工质量，燃烧性能是防止火灾隐患的重要条件。因此应对保温材料的导热系数、密度、压缩强度及燃烧性能进行严格的控制，必须符合节能设计要求、产品标准要求以及相关施工技术标准要求。

7.3.4 影响屋面保温隔热效果的主要因素除了保温隔热材料的性能以外，另一重要因素是保温隔热材料的敷设方式以及热桥部位的处理等。在一般情况下，只要保温隔热材料的热工性能和厚度、敷设方式达到设计标准要求，其保温隔热效果也基本上能达到设计要求。